高 等 院 校 服 装 设 计 专 业 参 考 教 材

服装设计训练项目实例精解

丰春华 著

天津出版传媒集团

天津人民美术出版社

图书在版编目（CIP）数据

服装设计训练项目实例精解 / 丰春华著. -- 天津：
天津人民美术出版社，2015.12
ISBN 978-7-5305-7105-7

Ⅰ．①服… Ⅱ．①丰… Ⅲ．①服装设计 Ⅳ.
①TS941.2

中国版本图书馆CIP数据核字(2015)第283575号

天津 人民 美術 出版 社 出版发行

天津市和平区马场道 150 号

邮编：300050　　　电话：(022)58352900

出版人：李毅峰　　网址：http：//www.tjrm.cn

唐山新苑印务有限公司印刷　　　全国 新華 書店 经销

2015 年 12 月第 1 版　　　　　2015 年 12 月第 1 次印刷

开本：787 毫米 ×1092 毫米 1/16　印张：10　　印数：1-3000

前言

本书中服装设计课题的各训练项目图例，均经编者整理、提炼或创作绘制（除署名外）。其素材有国外服装专刊中的服装作品、广告插画，亦包括本人的设计创作等。围绕着"时装画以黑白线绘形式表现服装设计"主题风格的最基础表达技艺，展示人物形象穿着服装后的整体效果。试图从多视角呈现每一实例独具创意的切入点、不同设计风格的个性特色，解读服装艺术的新理念和设计表现的创新性与常规方式。

通常，服装设计具有一般实用艺术的共性。作为一门综合性的艺术，其所涉及的领域极为宽泛，包括历史、哲学、美学、心理学、文学、人体工程学等学科。在内容、形式与表现手法上，服装设计又具有自身的特性。

服装是布的雕塑，服装作为人的"第二层皮肤"，兼具保暖防寒、修饰美化、装扮等功用。服装设计就是解决人们着装方面的富有创造性的计划及创作行为。在这一艺术创造的过程中，要考虑到造型、色彩、材料、图案、风格以及服饰品的搭配、设计定位等诸要素。这些要素怎样用、如何用得好、如何用得妙，是体现一名成功服装设计师对于作品独具创意与特色风格的掌控之最好注脚。

毋庸置疑，绚丽多彩、风格迥异的服饰艺术，印证了设计师们对于服装设计灵感的捕捉和对作品超凡脱俗的驾驭能力，创造出一个充满着奇思妙想而又现实美好的霓裳世界。它们为现代生活诠释了值得回味的"时尚印记"。实训中的每个项目课题图例所描绘的服装形象和流行资讯，旨在能传达最时尚的装扮与穿着潮流，彰显其时尚魅力，能够成为大众学习服装设计与技法表现较快提高的一个平台。

此书的图例作品，主要以线绘的技艺表现服装设计创意或时尚风貌，并配有部分彩色专题项目训练图例，使之更直观地加强了训练实践的学习目标。作为服装设计专业课程中的基础训练课之一，它是服装设计专业学习的重要环节。本书从专业性、实用性的项目案例角度，解析服装设计诸方面的表现形式。训练项目共分为：发型设计表现、帽饰设计表现、包的设计表现、半身造型设计表现、整体造型设计表现、系列造型设计表现、装饰风格设计表现、创意风格设计表现、国外设计作品欣赏等几部分课题实训内容，献给广大读者。其目的在于：

1. 为大众提供服装艺术设计领域的新趋势、新时尚窗口，掌握服装设计的学习方法、规律、要领，起到开阔视野、博采众长的借鉴学习的作用，打下良好的设计表现基础。

2．对于服装人物形象的比例、动态、组合、刻画，用线、用色处理，以及服装造型、款式、结构、配饰、强调部位等方面，均是读者在学习实践中需要掌控的训练重点。

3．此书既是一本较广泛地学习服装设计训练与表达的必备实例参考书，又是为广大读者学习实训、提升绘画技艺和设计表现奠定良好基础的实用性参考教材。

本书可作为高等院校、职业院校相关专业学生学习的训练案例用书，也可供广大服装设计人员、动画设计人员与读者欣赏、研习、参考之用。

时装画中线的艺术处理

线在造型艺术和多种绘画类别中担当主要的语言表现形式，例如：敦煌壁画中的用线，传统国画中的铁线描、白描用线，现代装饰画中的交错用线及速写用线等。这些概括、精练、流畅而富于弹性和张力的线条都是以线为主要的艺术形式来表现各种造型的。

线是时装画的重要造型手段，常用线来表现人体和服装，并在线造型的基础上进行各种艺术处理或技法着色。线条讲究其勾勒顿挫、虚实、转折、顺逆等，要求线的艺术处理简洁、流畅、概括、整体，力求以一当十，充分表达人体美与服装美的整体艺术效果。

时装画最基本的用线一般包括：匀线、粗细线、顿挫线、不规则线、速写性线、装饰性的线，以及衣纹和衣褶的艺术处理用线等。每种线条均会给人以不同的审美感觉和实用价值。在线造型的基础上，作者可以依据服装的设计风格、画面想要的视觉效果与处理形式，选用相应的色彩、工具、材料和表现技法进行创作实施。

采用线的描绘形式表现时装画时，作者除了要注意人物形体和服装的轮廓线外，还应利用画面线条的疏密反衬的方法，展现前后左右的空间距离，以此表现某种程度的立体感。显然，同样是用线描绘表现技法，由于其用线的方法不同，而产生许多不同的效果。像均匀的线（线的粗细均匀，线条流畅自然，柔中带刚，富于装饰性。一般选用针管笔、签字笔、钢笔或衣纹毛笔作画）、顿挫线（有浓有淡、有紧有松的线，线条刚劲有力，刚中有柔）等处理表现方式。

时装画中线的处理，既应表现服装的整体造型，简练而概括，又要体现服装面料的肌理特征，画面内涵丰富。初学者在进行线条训练时，最好的方法就是坚持多画速写和白描练习或临摹优秀作品，在实践中提高用线的造型表现力。正如罗丹所说："优秀的线条是永恒的。"无论是哪种风格的时装画均需要勾线，用线塑绘服装的造型、款式、结构和不同质料，使服装形象的整体特色更趋于完美，达到极佳的"视觉上感"印象。

丰春华

2014年3月

目 录

第一部分

发型设计表现

发型设计表现

发型是一种造型艺术，是人类文化的一部分。发型设计是人物形象设计的一个重要组成部分。发型在整体造型搭配上具有举足轻重的地位，发型以其独特的美的变化能带给人们截然不同的感受，并在很大程度上影响一个人的外观和文化生活，是表现自我的生活艺术。任何一种艺术设计，在创作上都有明确的主观意图，而发型设计的这种意图有着明显的实用性、装饰性及自身的设计原则与规律。

发型设计是以人的头发为对象，根据人物整体形象塑造的需要，应用各种发式造型的工艺技术，有效地完善人物整体形象的发式的造型过程，是人物形象设计的重要内容之一。发型在整体造型搭配上具有举足轻重的地位。发型的变化不仅能带给人们截然不同的感受，而且在很大程度上影响一个人的外观。其审美功能是不言而喻的，亦成为大众时尚审美与追求的热点。

作为设计者而言，在服装形象整体设计中，不可忽视发型与服饰的风格特点相协调这一关键问题。现代人的生活多姿多彩，服饰的选择余地相当大，风格和用途也相当广。人们往往首先选择服饰后再考虑对发型的配合。显然，设计理想的发型效果，不仅能体现出发型的突出美和艺术韵味，而且可弥补人们容貌中的某些缺陷及不足之处。

依据服装设计的风格特征（如实用性服装、艺术性时装、礼服等），在描绘服装形象前，作者适宜采取相应的写实或淡化形式处理，使发型的表现与服装设计总体风格融会贯通。其一，选用的发型应与人物的身份年龄（服务员、儿童、青年、中老年）、服装的款式相协调，并以图文的方法把发型的设计形态和实施计划表示出来。其二，发式设计应考虑是否符合着装人的性别、职业特点和环境，设计出既能衬托整体美又能表现其个性的发型。

无论是何种发型（长发、短发、卷发或直发等），在具体刻画过程中，可先找寻其规律，重点注意发型的大轮廓特征与基本结构形态的把控，快速画出大框架的形。并按照头部发型呈现出的不同角度、多透视的造型走向，将发型内部划分为几个大的区域，再分成若干个小的局部，做到心中有数。然后对每一个局部进行深入刻画，线条应流畅，表现应简洁、生动。但一定要把握好发型的整体和走势起伏关系，直至达到满意的效果为止。这样画出来的头部发型，不但有较强的视觉直观性，而且发型特征明显，准确又富于变化，从而充分将发型设计的整体感展示出来。

具体作画步骤如下：

1. 快速勾出头部的大体轮廓的形，画出透视线，定出五官及发型位置。

2．按照发型呈现出的不同角度、多透视的造型走向，将发型内部划分为几个大的主要区域，再分成若干个小的群组局部，做到心中有数。

3．对每一个局部进行较深入刻画，线条应流畅，表现应简洁、生动。但一定要把握好发型大的整体和走势起伏关系，直至达到满意的效果为止。

4．着色。按发型的起伏、明暗关系依次描绘。其面部的大面积作留白处理，只在面颊处进行上色渲染，注意毛笔的水分稍多一些。可选用水彩、透明水色技法作画。

毫无疑问，恰如其分地表现不同的发型式样、外观轮廓的美感和创意，对人物的整体形象会产生更好的美化效果。而发型造型、头饰、配饰甚至表情与服装造型、色彩、设计风格融为一体，同样具有很强的表现力和丰富的艺术感染力，完善了服装形象设计的整体艺术效果。

发型描绘表现技法，可采用写实画法、省略、夸张画法或影绘、装饰画法等表现发式艺术，亦可运用勾线淡彩、渲染法、水粉技法等刻画。

总之，这样画出来的头部发型，不但有较强的视觉直观性，而且发型特征明显，准确又富于变化，从而充分将发型设计的整体感展示出来。

● 短发

●盘发

● 卷发

训练实践指导与练习（发型设计表现）

建议课时数：8课时

重点：

1．不可忽视发型与服饰风格特点相协调这一关键问题，学会五官与表情的绘画。

2．掌握人物头部的基本比例关系，要理解性地描绘脸型、五官与发型的组合绘画，这些内容是学习时装画表现的重点。

3．人物的表情与发型的练习应该加强，注意发型的大轮廓特征与结构形态的把控，无论多复杂的发型均可寻找其规律。这需要长期训练才能达到理想的效果。

练习：

1．根据素材资料，画出不同发型造型风格的设计效果图若干。

2．每组不少于5个发型设计，黑白、彩色各一幅。八开画纸，技法不限。

第二部分
帽饰设计表现

头部时装——帽子的风采

　　帽子自问世以来，一直都兼有遮阳、御寒及装饰等功能价值。对于服装设计而言，配饰的选择如何是设计整体意识的成败关键，帽子作为配搭的饰物，是设计师们体现个人设计风格和喜爱搭配选用的饰品之一，帽子（或头饰）能起到整体、统一的协调作用。

　　古代中国是一个戴帽子的国度，帽子代表身份地位，帽与衣的搭配被视为等级、权力、尊卑、身份的象征，人们有戴帽的习惯。据《后汉书 · 舆服志》云："上古衣毛而冒皮。"是指利用兽皮缝合成帽形而冒之于头类的"首服先有戴帽"的记载。

　　如今，根据个人喜好，帽子虽不是必戴的配饰品，却一直是时尚流行的象征。无论在清爽炎热的春夏，还是寒风袭人的秋冬，一项合适的帽子，往往有点睛的作用，能够很好地提升整体装束的时尚度。戴对帽子，可以为你带来焕然一新的感受。

　　帽子在生活中分为两种：一、实用性；二、扮靓用的。这里说的"顶上风采"的趋势，正是这种时装性的夸张配饰。很难想象帽子曾经在我们的服装穿着上扮演了不可或缺的角色，亦成为服饰搭配的视觉焦点。

　　伴随着帽子品种、样式的不断翻新，人们有更大的余地选择自己喜爱的帽子，满足生活的需求和审美情趣。各种造型新颖别致的草帽、贝雷帽、旅游帽、淑女帽、针织帽、仿生帽、时装帽、异形帽等形成系列化，琳琅满目：大檐的、无檐的、草编的、布料的、皮革的，五颜六色，应有尽有。在挑选帽子时，要注意帽檐和帽顶必须与脸型相配。长脸型的人以戴宽边帽或帽檐向下耷拉的帽子为宜，而宽脸型的人适宜戴小檐帽或帽顶较高的帽子。有关脸型与帽子的搭配，你会发现，选对一项时尚的帽子也可以让很平淡的搭配变得很精彩。此外，帽子的大小还要与身材的比例适中。

　　值得提出的是，进行帽子的绘制时，应掌握其要领方法。画帽子首先应画好头部，注意头的比例与帽子的维度，因为帽子和头部的关系是凹与凸的组合。其次，帽顶和帽檐是组成帽形的关键部分。帽檐的描绘要注意掌握头颅的形状，使之大小合适；而帽顶的刻画要注意掌握帽子顶部和头发的松紧关系，空隙应恰当。不同质地、不同形状的帽子戴在头上会产生不同的皱褶，需用相应的线条表现其各异的质感及形象。最终是将所表现的帽子"戴"在形象的头上为目的。然而，初学者在描画时往往会忽略这一点，人物头上的帽子总是"戴"得不舒服。其原因：一是检查帽子的比例是否画得正确，二是容易把帽子顶部（帽子的高度）和头发的松紧关系、空隙（头部戴帽的位置）刻画得过小、过短或过偏等，这是直接造成总"戴"不好（画不好）帽子的因素。

当谈及帽子的话题时，眼前便会闪现出众多设计师为今日的生活舞台增添如此诱人、创新、完美的帽饰艺术。例如：被称为"全世界首屈一指的帽子魔术师"的英国著名帽饰设计师菲利普·崔西（Philip Treacy），便是当今时装界最炙手可热的代表性人物。他的设计充满艺术性创作风格，最突出的特点，就是让帽子不仅仅是帽子，甚至根本不是帽子，而将作品当成装置艺术陈列。正是其反传统的材料和抽象造型的构成，才使作品具有如此强烈的冲击力和装饰风格，带有明显的个人风格标签，形成一种独特的视觉语言。著名时装设计师范思哲曾经这样评价崔西："如果你给他一根小小的针，他都能做出令人惊叹的雕刻作品来；如果你给他一朵普通的玫瑰，他也能写首感人的诗篇。"

自1991年为Chanel高级定制服装设计帽子后，菲利普·崔西一鸣惊人，继而成为众家时尚品牌的合作对象。擅长运用异材质创作的他，不仅在展台上展露光芒，作为帽饰设计师和艺术鉴赏家，菲利普·崔西精妙绝伦的头饰仍一如既往地展示了美轮美奂的未来世界。崔西的灵感来自土著部落、雕塑、未来主义和水下生物。

其设计的最突出特点，就是让帽子不仅仅是帽子，甚至根本不是帽子，并将他的作品当成装置艺术陈列，其作品具有如此强烈的冲击力和装饰风格，带有如此明显的个人风格标签。概括来说，反传统的材料和抽象性造型构成崔西作品的个人签名。

另一位帽子大师斯黛芬·琼斯（Stephen Jones）的全新创意帽饰设计，奇特、时尚且具有浓烈的艺术气息和对优雅的诠释。而法国著名时装设计师皮尔·卡丹亦是其中的佼佼者，其时装设计作品创意独特、造型夸张、色彩绚丽，特别是别具一格的帽饰配搭，令人赞叹而折服，成为卡丹设计风格的重要组成部分。有些时装虽造型较平常，但看上去却独特完整，原因是戴上了奇特造型的异型帽，使作品极富现代感。

显而易见，精妙绝伦的头饰仍一如既往地展示了美轮美奂的未来世界。时尚的风采不仅仅体现在流行的时装和完美的妆容上，就有关脸型与帽子的搭配而言，选对一项时尚的帽子也可以让平淡的搭配变得精彩。消费者如果觉得自己的装扮已经很无新鲜感，何不改变造型？就从帽子开始变化吧，它可以让服装有更新鲜的表情。一项合理搭配的帽子足以让你"头"上生辉，体现出穿着的审美品位。

帽子的设计表现，可采用淡彩渲染技法、水粉勾线技法等。

●礼帽

●无檐帽

●时装帽

●创意帽

训练实践指导与练习（帽饰设计表现）

建议课时数：6课时

重点：

1. 了解帽子虽不是必戴的配饰品，却一直是时尚流行的象征的认知。明确帽子曾是人们服装穿着上不可或缺的角色之一，亦成为服饰搭配的视觉焦点问题。

2. 帽子作为配搭的饰物，是体现设计师个人设计风格和重要选配的饰品，也是设计整体意识的成败关键因素之一。

练习：

1. 选取不同材质帽子的设计资料，画出帽子效果图5幅。可画单个或多个组合，任选。

2. 每组不少于4顶帽子的表现，其中两幅为彩色图。八开画纸，技法不限。

第三部分
包的设计表现

包的设计表现

在服装设计中，服饰配件的设计占有重要的地位。它不但具有一定的实用性，增强整套服装的艺术表现力，而且在整体设计中能起到营造气氛、烘托、陪衬和画龙点睛等作用，烘托出着衣人的容貌和形体，使着装效果达到近乎完美的艺术境界。

一般来说，服装设计的五大要素包括：服装的造型、色彩、面料、附属品（饰物），还有人。而要素中的附属品则涵盖了耳环、项链、腰带、帽子、包袋、眼镜、围巾、鞋、伞等在内的饰物用品。其中的包袋设计，又是服装设计中整体搭配不可或缺的重要饰品。设计者依然不能忽略作为"绿叶"的包袋配饰的作用。

事实上，当今服装设计的含义已从对服装的单一设计，逐渐演变为对人体的形象设计。同时给设计者提出了更高的要求，也就是将服装、饰物、美容及仪态举止等联系在一起通盘考虑，统一策划，其实质是一种整体美的创造。

根据流行趋势和不同人的需要而设计的包袋，既有实用功能，又具有装饰美化功能。一般分为：宴会包、公文包、化妆包、摄影包、提包、学生包、沙滩包、行李包、旅游包、双肩背包等。不同的造型、色彩、材料、装饰形成了其特有的服饰语言，与服装搭配融为一个整体的两个部分，直接塑造于人们的整体形象。包袋的设计也越来越丰富多彩了。

在时装画的表现中，服装形象是以人体穿着的整体美为基础的，饰物配件的刻画应与服装设计的主题风格紧密相依、互相协调。在此，作画者不仅要对服装的造型、款式结构、色彩、面料质地细细描绘，还应注重各类饰物的选择运用与配套表现。而对于时装画的构图布局与包袋饰物的巧妙处理和安排，则能凸显服装的造型特征，使画面更为完善、平衡、生动，整体形象锦上添花。

包袋的设计表现，既可为一个单品，也可是组合品。根据包袋的用途、材料分类及设计特点，作画者可选用水粉薄、厚技法表现，勾线淡彩技法表现，或带有装饰性的色彩归纳技法表现等。

随着社会的发展，包袋被赋予了审美功能。形形色色的包饰虽使用已相当普遍，但总是优雅女性最迷恋的奢侈品，其趣味或俏丽更无所不在。用对合适的包，让你的整体造型加分。

● 手包

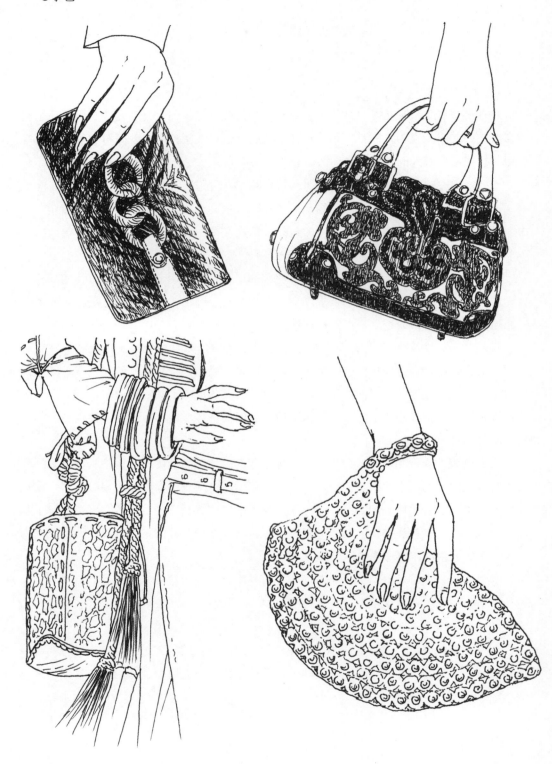

●提包

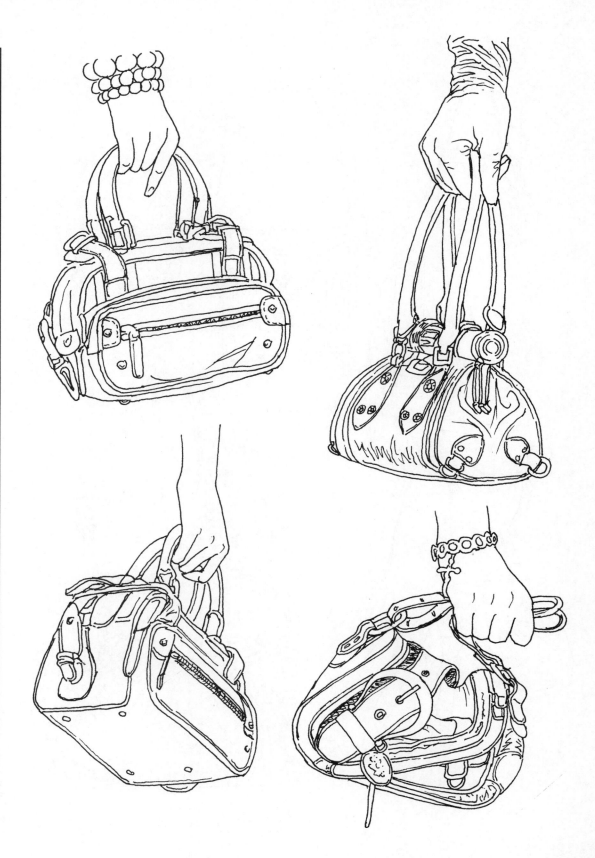

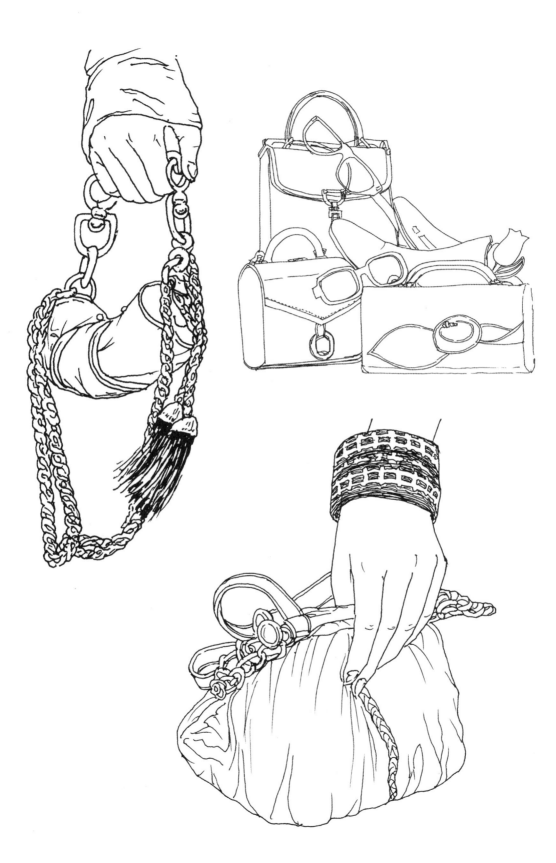

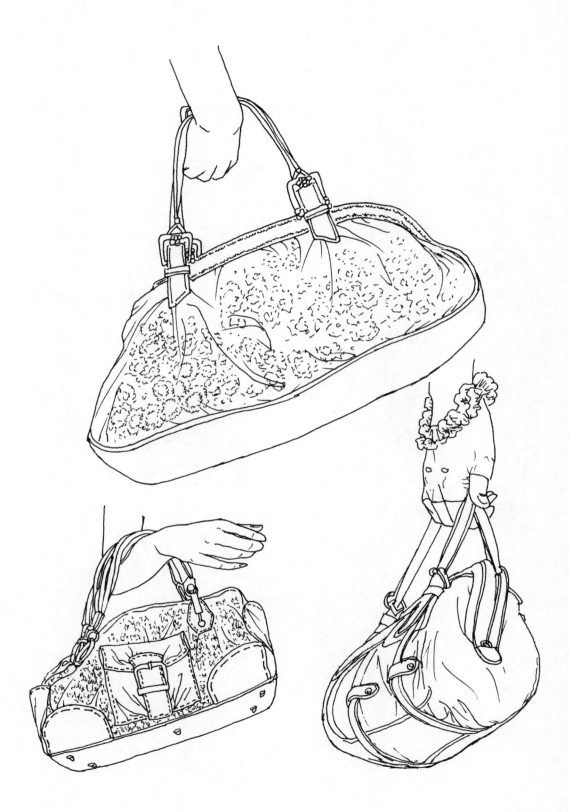

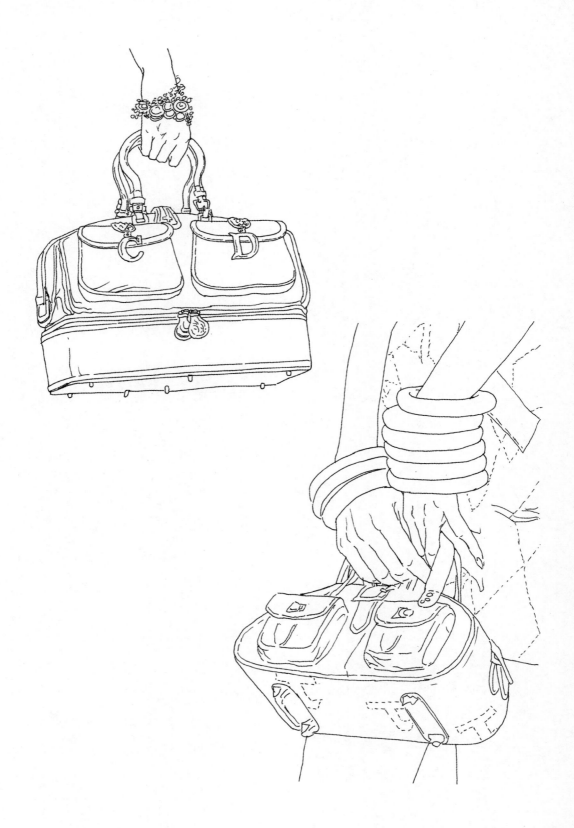

训练实践指导与练习（包的设计表现）

建议课时数：6课时

重点：

1．掌握服饰配件在服装设计中占有重要的地位，包袋被赋予了审美功能的意义。

2．掌握画包的基本比例，要理解性地描绘包的造型、不同材质的处理与组合绘画。明确在不同场合、环境，用对合适的包，会让你的整体造型加分等问题。

练习：

1．根据素材资料，画出不同面料质感的包袋设计效果图5幅。

2．每组不少于4～5个包的设计效果，其中两幅为彩色图。八开画纸，技法不限。

第四部分

半身造型设计表现

领悟时尚装扮 展示个性魅力

　　服装——作为物质文化和人类的第二皮肤是人们生活中不可缺少的。通过穿衣装扮来传达出穿着者的社会地位、文化素养、个性、职业、自信。所以说："服装是递给社会的第一张名片。"人们把服装视为社会角色的"名片"标记，并依赖服装来装扮自己甚至改变自身。通过"装扮"便形成了服饰美和多彩多姿的服饰的世界。

　　"衣裳是文化的表征，衣裳是思想的形象。"（郭沫若）人们对于服饰的审美价值更取向各具特色的着装，强调精神追求和表现个性，通过着装来塑造自己的社会形象。现代服装设计以全视的角度来审视人对衣装执着的索求，推崇穿衣哲学，表达时尚精神和视觉美学。显然，是天才的服装设计师们为大众衣着打扮演绎了无限丰富的华美篇章。穿出个性，装扮靓丽，正是现代都市人衣文化观念变革的体现，穿衣服如同在穿"自己"，服装就成了具有审美情趣的人体外包装。

　　半身造型表现的服装设计，犹如影视剧中拉近的镜头画面。在实际的描绘时，与服装整体设计表现相近，只是更加凸显出所表达的服装形象。通常采用大半身站立的姿态稍加动势（一般选择人物在小腿中上部或膝盖以上），对人物造型、服装款式、配饰等易深入刻画，其技法的运用可以写实表现，或夸张、省略处理。此外，作者在描绘中还须注意掌握好人体的比例、动态与着装后的协调性。因为半身的站姿能够较集中地展示出服装外形、款式结构、色彩配置、服饰配套及服装风格特征。

　　值得指出的是，现代服装的形式已由简单趋向纷繁多样化，大众的衣着消费也早随经济收入的增长有能力挑挑拣拣，对服装的领悟与穿着，更力求气质与服饰的内在完美统一，突出穿着的个性，这就给服装设计师提出更高的要求。服装通过棱镜的折光，展现出一道绚丽的彩虹，使人再次认识到自身的价值，反映着人与社会的精神风貌。

　　服装，历来是时尚最敏感的反光镜。在最灿烂的季节，好好地装扮自己，展现出个性化的时尚魅力。

●皮草

●针织物

●丝织物

第
四
部
分

半
身
造
型
设
计
表
现

37

●棉织物

●时装

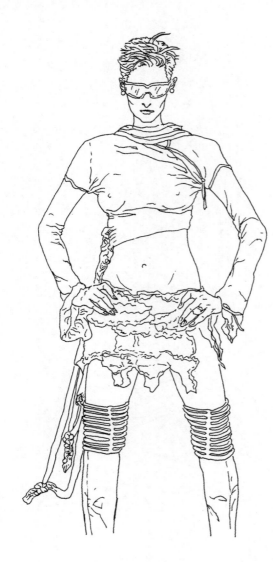

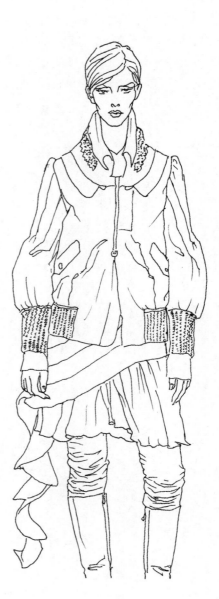

训练实践指导与练习（半身造型设计表现）

建议课时数：12课时

重点：

1. 对人物造型、服装款式、配饰等易深入刻画。全面了解各种材料和人体动态下服饰的衣纹、衣褶的产生情况，有助于更好地学习其绘制方法，充分地表达设计构思，凸显出服装形象。

2. 须注意掌握好人体的比例、动态与着装后的协调性，对服饰的刻画应充分到位。因为半身的站姿能够较集中地展示出服装外形、款式结构、服饰配套及服装风格特征。

3. 针对时装图片仔细分析各种材料、各类动态下的服饰衣纹、衣褶变化规律，揣摩其特征并概括性地临摹绘制。

练习：

1. 根据素材资料，临摹绘制出不同半身服装造型风格的设计效果图表现若干。

2. 每幅1～2款式即可，其中两幅为彩色图。四开画纸，工具、技法不限。

第五部分

整体造型设计表现

整体造型设计表现

在服装设计效果图表现中，当我们在构思时有了一个成熟的创意，如何实施，将设计对象跃然纸上，怎样布局，选用何种技法表现，并有效地组织画面，使其具有一个完美的艺术形式，这便是构图问题。

服装作为一种视觉艺术，它必须是以具体而完整的"形象"（即造型、结构、色彩的组合体）这一独特语言传情达意的。一幅成功的时装画（服装效果图）取决于设计者合理的构图安排与组织布局，扎实的绘画功力与娴熟的表现技巧。好的创意及对人体比例、姿态、款式结构、衣纹用笔处理等的把握，并充分表达出服装的特色与美感，以此为验印时装画成功的关键。从这一点来讲，服装形象仍是时装画构图的生命。

时装画中服饰形象的整体造型设计表现颇多，人物动态、构图的设定应得当。其布局一般有单人构图（常见的构图表现）、双人组合、三人组合及多人组合的构图形式。人物形象的确定取决于服装设计的创意和服装本身（包括服装的风格、款式结构等）。

在整体设计表现中的服装形象，通常采用站立的姿态稍加动势，以单人形式的人物造型刻画，其技法的运用可写实表现或夸张处理。作者还须注意掌握人体的比例、动态与着装后的协调性。因为站姿能够较全面地展示出服装外形、款式结构、色彩配置、服饰配套及服装风格特征。双人组合的构图在时装画中也比较常见，而三人以上的布局组合则以表现系列服装设计为佳。

服装设计整体造型表现的技法包括：写实性的，夸张省略性的，装饰性的，抽象性的，趣味性的等。可选用钢笔、签字笔、马克笔、彩色铅笔、衣纹笔、毛笔等工具作画。颜色方面选用水彩、水粉、透明水色、丙烯等色彩作画即可。

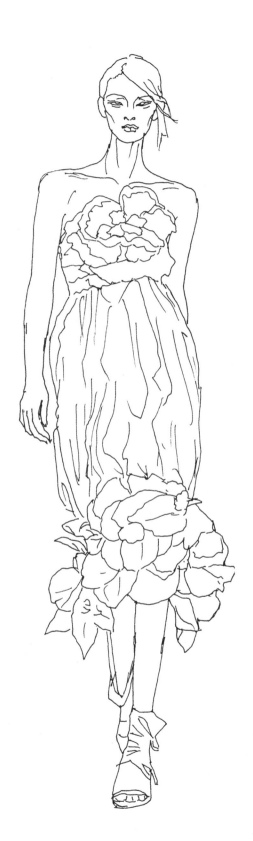

训练实践指导与练习（整体造型设计表现）

建议课时数：18课时

重点：

1. 须注意掌握人体比例、人物动态、构图的设定与布局安排应得当。整体造型视觉协调，有修长美感的绘画。

2. 一幅成功的时装画（设计效果图）是通过作者扎实的绘画功力和娴熟的表现技巧来实现的，绘画基础水平十分重要。

3. 此课题训练布局一般有单人构图、双人组合的构图（在时装画中均比较常见）、三人组合及多人组合的系列构图形式。单人整体形式的人物造型刻画，其技法的运用可写实表现，或夸张、省略处理。

4. 时装画中不同面料、材质的刻绘是表现服装特性的最重要保障，因此必须掌握常用面料的不同表现形式。而表现不同的面料及材质要选对工具和颜料，考虑是否运用得当，以表现出不同质感的变化和服装特性。

练习：

1. 根据素材资料，画出不同整体造型设计风格的效果图6幅。

2. 每幅1～2款式整体造型设计的效果，其中三幅为彩色图。四开画纸，工具、技法不限。

3. 临摹、创作均可。

第六部分

系列造型设计表现

系列造型设计表现

　　系列造型设计是时装画的组合表现形式之一，人物动态布局、组合、样式及构图十分讲究，它主要表现系列服装的造型形态及其服与饰配套的形象整体效果，注意形象的多变性。系列，是指一组服装，它是由多个单套服装共同构成的。服装的系列性，是指一组既有共同统一的要素，又各有鲜明个性特征的成组配套的服装群体。因此，系列造型设计效果图的组合表现，更强调每一款式的个性和群组款式之间的或色彩、图案，或造型、结构，或材质、配饰等的相互联系与相互衬托的关系。

　　一般系列服装的造型形式多样，结构形态灵活，能给人一种内部有联系、外部有变化的美感。其构图形式是以三人或多人组合的构图布局进行设定，人物造型采用站立的姿态稍加动势，因为站姿能较全面地展示出服装外形、款式结构、饰物及服装风格特征。并且，时装画的组合表现往往是整体有机的统一，将有助于作者在有限的时装绘画天地里，发挥出无限的艺术创造的魅力。系列服装设计的划分方法有多种形式，例：1．同一季节的系列，如春、夏、秋、冬等系列；2．不同面料的系列，采用不同面料设计同一类型的服装形成的系列；3．同一色彩的系列，采用同一色彩或同一色系由高级设计形成的系列；4．同一风格的系列，不论服装、面料类型、色彩是否一致，但风格上保持一致的设计等等。设计者无论选择哪种形式，重点要清楚在设计过程中，至少应保持某一方面的统一性、统一感问题（是造型款式、面料材质，还是色彩图案、装饰元素），可供大家在设计时为启发和参考之用。

　　明确地说，系列化组合就是依据服装系列设计的要求而将各服装人物形象进行连续排列组合。从构成原理上看，组合具有变象的含义。设计者在描绘系列服装的表现和处理画面过程时，可采用服装形象局部的省略法以缓解复杂而拥挤的画面；或者选择影绘法的形式概括地表现部分形象，以突出画面形象主体的外轮廓（包括：人物姿态、服装造型、款式结构、色彩、面料质地等方面的协调统一），使人一目了然。可以说，系列服装设计的群体表现，其设计主题明确，能更多地传达设计信息，且有强烈的视觉冲击力和震撼人心的视觉效果。

　　在构图安排时，注意人物的主次、呼应关系和人物的重叠与穿插，以及整体组合、款式的连续性，整个画面的气氛营造和节奏性效果等。但最重要的结果是，是否体现出作者最想表达的设计方案。对于线的娴熟运用与掌控问题，力争做到：线条勾勒要简洁、流畅、挺括、提炼，或长或短，或粗或细，或曲或直，疏密处理的用笔要恰当；色彩协调，饰品搭配得当，使服装系列作品真正达到其想要表现的理想效果。所以，这需要设计者在实践中不断地探索和努力，掌握正确的学习方法，必然在技法表现上能得到较快的提高。

系列造型设计的表现形式，一般采用水彩、水粉技法表现，或勾线淡彩渲染、平涂技法、装饰性技法表现等。

●休闲装系列

（不同的休闲服）

（宴会服设计图）

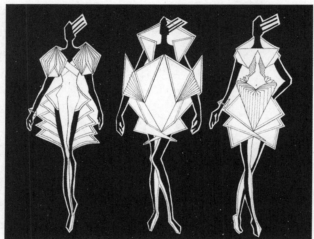

●时装系列

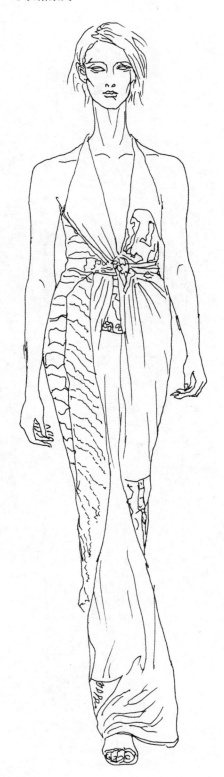
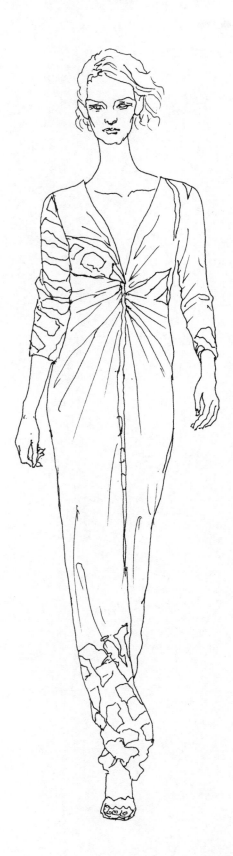

训练实践指导与练习（系列造型设计表现）

建议课时数：40课时

重点：

1．系列化组合就是依据服装系列设计的要求而将各服装人物形象进行连续排列组合。从构成原理上看，组合具有变象的含义。在处理这类画面时，可采用服装形象局部的省略法处理；或以影绘法概括表现部分形象，以突出形象主体的外轮廓，使人一目了然。

2．系列服装设计是效果图中人物组合的表现形式之一。其构图形式是以三人或多人组合的构图布局进行设定，人物造型一般采用站姿稍加动势，能较全面地展示出服装外形、款式结构、饰物及服装风格特征。

3．独立完成效果图中服装人物的构图布局设计。注意人物的主次、重叠与穿插关系，以及款式、色彩、配饰、图案元素等的联系性，整个画面的气氛营造和节奏性效果等的把握。

4．了解各种时装画的构图布局设计形式，并能准确地应用到自己设计效果图的绘制中，从而恰当地表现出空间美。对于线的娴熟运用与掌控问题，力争做到：线条勾勒要简洁、流畅，疏密处理的用笔要到位，色彩运用的主色调要明晰，使服装系列设计的作品表现真正达到理想效果。

练习：

1．根据素材资料的元素启示，寻找创意灵感，画出不同系列造型风格的彩色设计效果图3幅。

2．以杂志已发表的时装作品作为出发点，进行拓展和系列练习。

任务：可选取一个特征鲜明且具有表现力的局部为设计元素，并根据这一设计元素的特征进行延伸设计，设计一组系列造型设计（主题性风格）的服装。

方法：以这一设计手法的基本特征为思维线索，进行延伸设计构思，要注意服装构成的系列感和完整性，服装造型与款式、结构的变化等。

3．以自己喜爱的某段音乐为出发点，设计符合这一感觉的系列服装。

4．每幅系列设计不少于4～5种款式，服装主题风格的设计表现可自定，四开画纸，技法、工具不限。

5．选取优秀的系列设计范例作品进行临摹，临摹后可尝试创作。

第七部分

装饰风格设计表现

装饰风格设计表现

时装画的装饰风格表现，是指时装画中所表现的服装形象，经过特定的夸张、变形以及对某些特征部分的强调，使时装画的人物对象被赋予了新的形式美感。也就是在造型中，对象被有意拉长、扭曲，或按一定的规律获得韵味。

装饰风格表现技法，在众多造型艺术手法中，应用是最为广泛、影响面最大的形式之一。作者可运用各种装饰风格的不同表现手段进行创作，以达到服装设计作品特定的装饰美感（主题性风格，如花卉、建筑物、图形、文字、人物等素材作为构成背景的画面），使背景处理与形象主体的服装造型、纹饰、色彩相得益彰。它有别于一般绘画的独特的艺术魅力，可以大大提高时装画的审美情趣。

一般装饰风格的设计表现多以线条排列的曲直、疏密，线面结合的主次，色块的分割、组合，情调气氛的烘托，黑白的对比或构图形式的讲究，以及衬景与服饰形象整体、统一的融会贯通来体现。其方法包括：以装饰性的线为主，有鲜明的条理性，通过工整平缓的线条及对线的排列组合进行夸张装饰。如匀线与匀线、粗线与细线、粗线与粗线、曲线与折线、弧线与折线的重新组织排列等，使时装画均可达到装饰性、概括性、艺术性的视觉效果。以面为主的装饰表现，服饰形象通过线的间隔，面与面的拼置、组合，色彩的归纳与对比，具有较强的表现力和装饰性。而以黑白、光影处理手段为主的设计，更能强调出服装外形特征，增强对服装形象强烈的装饰效果的视觉冲击，从而加深印象等。

装饰表现形式如同写实表现、省略表现、夸张表现一样，是一种非常独特的艺术表现风格。设计者在具体作画中，要力求构图饱满，强化夸张性和装饰美感，可重点对主题性的服装设计加以美的再创造，使作品在造型与款式、纹样与布局、背景与整体画面、线条的疏密处理等方面，达到突出表现作品的新颖性、趣味性和现代感的艺术氛围。

装饰风格的服装设计表现，可从两个方面考虑：一是注意时装形象的概括，讲求典型美；二要注重构图的形态，讲求形式美。事实上，装饰表现往往能和各种不同风格的表现融会贯通、合理并用，是一种综合的表现风格。

因此，作者在装饰表现手法的训练实践中，可以随心所欲地选用各种装饰手段（如归纳、渐变、节奏、平衡、律动、统一、肌理等形式）"变化"画面，去体悟、去认知，尽量施展自身的能力（艺术加工、形式美表达、掌控画面），但不能喧宾夺主。恰到好处地描绘出作品的装饰风格，使服装设计主题与装饰表现达到个性鲜明、事半功倍的艺术效果为宜。

　　装饰性风格的设计表现时装画，一般除了选用水彩、水粉、国画色、丙烯颜色作画外，还可运用多种工具材料进行综合绘制，使用的特殊工具材料的本身，也对装饰性起一定的作用。

训练实践指导与练习（装饰风格设计表现）

建议课时数：32课时

重点：

1. 装饰风格的设计表现可从两个方面考虑：一是注意形象的概括，讲求典型美；二是要注重构图的形态，讲求形式美。装饰表现往往能和各种不同风格的表现融会贯通、合理并用，是一种综合的表现风格。

2. 装饰的方法包括：以装饰性的线为主，有鲜明的条理性，通过工整平缓的线条及对线的排列组合进行夸张装饰。以归纳的色彩为主，通过对色块面积的位置、冷暖、大小的组合进行夸张装饰等。

3. 装饰表现是影响面最大的形式之一。如同写实表现、省略表现、夸张表现一样，是一种非常独特的艺术表现风格。可运用各种装饰风格的不同表现手段进行创作，以达到对服装设计作品特定的装饰美感和魅力（主题性风格，如花卉、图形、文字等素材作为构成背景的画面），使背景处理与服装造型、纹饰、色彩相得益彰，大大提高了装饰风格设计效果图的审美情趣。

4. 使服装设计作品在造型与款式、纹样与布局、背景与整体画面线条的疏密处理，色彩的配置与视觉效果等方面，达到突出表现作品的新颖性、趣味性和现代感的艺术氛围。

练习：

1. 根据相关素材资料，画出不同装饰风格的设计效果图3幅。

2. 运用不同表现技法进行装饰风格的设计效果图创作练习。

3. 选择一张时装照片，用不同的时装画风格表现并进行比较。

4. 每幅表现装饰风格的设计主题不限，四开画纸。黑白、彩色各两幅。

第八部分

创意造型设计表现

创意造型设计表现

　　服装艺术是一门综合的艺术，创意是服装设计创作中的灵魂与核心。没有创意，服装也就缺乏生命的活力和其艺术上的价值；没有创意表现，服装则变得司空见惯。服装设计必须以创意为先导，最终将服装的艺术性与实用性融为一体，才能体现出服装创意设计的艺术完整性。

　　服装设计从本质上说是一种创造引领时尚流行的过程，它的功能是传达装扮的美的信息，其目的是为人们创设绚丽多彩的"彩衣"品牌形象，倡导穿衣哲学，拓展市场范围，提高受众的着装审美品位，进而促进服装产品的销售。创意其实就是用一种方法去寻找，而用笔画出来就是一种寻找的方法。

　　创意风格时装画是指带有某种创作意图而绘制的时装画。一般多采用夸张、省略、装饰、抽象等手段，着重描绘服装形象和服装在人体的穿着效果；大胆夸张或省略人体的完整及细节的刻画，以突出设计重点与部位；注重画面的艺术表现形式，强调在忠实于设计技术性和实用服装画基础上的一次升华，尽可能发挥作画者的设计表现力，带有明显的个人画风。这种绘制的形式，要求作者具备扎实的绘画基础，具有一定的造型能力和娴熟的技法应用。特别对审美特性的把握和超前意识的挖掘是画好创意风格时装画的关键所在。从技法上看，多运用勾线淡彩、水彩、水粉、马克笔等表现技法。我们在一些国内外的服装设计赛事中，经常能看到运用创意风格的时装效果图，表现一件（套）或一组（多件套组合）的创意服装设计作品。

　　创意风格服装的设计表现要点，乃是一种更为鲜明的艺术个性和独特、精练的艺术阐述。从最初的灵感、草图方案到设计定稿，是设计者进行资料收集、信息积累的过程，也是寻求设计灵感和表达设计思路的途径，直至到完成T台作品。设计图尤为注重描绘瞬间即逝的设计灵感，充分发挥创意时装画的艺术感染力，强调艺术形式对设计主题的渲染、气氛的烘托与形式表现。通常，创意时装画涵盖了服装宣传画、广告画与插图、招贴画及发布会、博览会、展销会等大型展览所需的必备宣传内容，也作为服装设计师们的创作手稿、预想方案图等。其特点：追求表现形式与画面艺术性，强调作画者的技巧处理和创作意图的表达，具有强烈的个人风格。像当今众多闻名的服装设计师，如皮尔·卡丹、伊夫·圣·罗兰、克里斯蒂安·拉夸、纪梵希等，都同时具备了出色的时装画家的潜质。他们寥寥数笔所绘制的设计手稿，如同时装设计一样，也堪称时装画中的一流作品。

显而易见，创意风格的服装设计，其"灵感"来源是涉及多方面的收集相关信息（传统艺术、民族艺术、现代绘画、原始图腾、科学技术、自然景观等）素材启示。一是直接信息，即一切直接与服装发生联系的事物、信息、资料等。二是间接信息，像建筑、哲学、社会思潮、各种艺术作品等，均为时装信息的间接来源，亦是设计师寻找构思方案的切入点。创意其实就是用一种方法去寻找，而用笔画出来就是一种寻找的方法。首先是设计主题的确定。主题是服装设计的灵魂，是蕴含在时装作品之中的中心思想，它体现在时装作品具体表现形式当中，而系列创意服装的主题构思是作品中所有元素构架组合后传达出来的设计理念。对于主题内涵与题材形式的把握表现如何，则是进行创意服装设计关键性的第一步。其次是对于主题方式的确定，包括：1. 先有题材再确定主题的方式。因题材的生动性而启发灵感，产并生联想的设计方式，常用于个人作品发布、流行预测展示等设计中。2. 先有主题再进行选材和构思的方式。即为命题设计，也是当今国内外一些时装设计赛事多采用的方式。常用于设计大赛、竞标型设计、课堂专题训练等设计中。例如："大地——母亲""时尚中国风""涅槃"等主题。因此，创意风格服装的设计表现往往能使设计者打破恒常固有的思维定式，帮助设计师另辟蹊径，带给作品浓厚的情趣，从而找到创意构思的新天地。

只要设计者们坚持在浩瀚的艺术海洋中寻觅，不懈地探索与挖掘借鉴，把握住时代脉搏，想象就会插上翅膀，灵感的创意设计思路就会源源不断地涌出，服装形象便会在笔端律动中呈现，从而创作设计出更多更好的服装作品。

介绍部分时装设计创意的方法：1. 把它颠倒过来；ue2. 变换它的形态；ue3. 使它变成立体 ；4. 把要素重新配置；ue5. 把它由里向外翻转；ue6. 使它不对称；ue7. 变更它的外形 ；8. 使它可以拆卸；ue9. 运用新艺术形式；ue10. 把以上各项任意组合。

COLECCIÓN "AC" PRIMAVERA-VERANO 2006

训练实践指导与练习（创意造型设计表现）

建议课时数：46课时

重点：

1. 创意风格时装画是指带有某种创作意图而绘制的时装画。一般多采用夸张、省略、抽象等手段，着重描绘服装形象和穿着效果，大胆夸张或省略人体的完整及细节的刻画，突出设计重点与强调部位，以增强艺术表现力。要求作者具有扎实的绘画基础，一定的造型能力和娴熟的技法应用。

2. 注重描绘瞬间即逝的设计灵感，充分发挥创意性时装画的艺术感染力，强调艺术形式对设计主题的渲染、气氛的烘托与形式表现。

3. 了解常规的绘画工具特点，并且能够熟练运用到时装绘画中。每种绘画工具都具有各自不同的特点、性格，只有平常多加练习实践，才能达到所需求的画面效果。

4. 掌握不同时装画风格的表现，力求画面及服装效果的生动性。在绘画过程中，要确定绘画没有问题了再进行下一个步骤。且较准确地将服装构思的创意设计方案以效果图的形式整体地呈现出来。

练习：

1. 运用不同表现技法进行创意风格时装画的创作练习。

2. 选择一张时装照片，用不同的时装画风格表现并进行比较。

3. 主题创意设计（每组不少于4款式）。

内容：以"中国元素"为设计灵感，借鉴建筑、服饰、传统艺术、文字形态、色彩、纹理、质感等，设计两组创意风格的系列服装。

要求：有独特构思，形式优美，设计完整，具有艺术视觉效果。综合头饰、发型、妆面（或面具）各设计元素。

形式：四开画纸彩色效果图（附灵感源图片、设计说明、背视图）。

4. 思考哪一种空间布局的构图设计更具有灵动性，并能更好地发挥那种气质的设计元素。

5. 根据素材资料元素，画出创意风格的设计效果图3幅。

6. 单人（四幅）或多人组合（两幅）各做练习，四开画纸，均为彩色实训。工具、表现技法不限。

第九部分

国外设计作品欣赏

国外设计作品欣赏

时装画(服装设计效果图)是设计构思表达之手段。独特的创意设计，精练、娴熟的表现技法，鲜活而直率的定格呈现出服装设计上的精彩瞬间，一幅幅绝妙的、颇具艺术魅力与艺术感染力的时装画展露于眼前，作品叙述着设计师们对时装的见解和对于时尚的诠释。可以说时装画、时装插画以及那些缺少了雕琢和修饰的设计草图更能记载他们设计的灵性，领略到其绘画的性情，是再现灵感、理念最为快捷的绘画表现技艺。

时装画艺术的独特功效，不论作为学习服装设计专业必备的基本功和进入"设计之门"不可或缺的重要环节，还是展示作者设计个性或供人们欣赏，都以它特殊的艺术表现形式而独树一帜。综观杰出的时装画家、服装设计师(如：安东尼奥·洛佩兹、儒内·格里乌、史蒂文·斯蒂波曼、格拉汉姆·伦斯威特、克里斯蒂安·拉夸、皮尔·卡丹、纪梵希等)的许多作品，均是时装画、设计手稿、时尚插画的经典之作。特别是我们看到的国外时装设计师珍贵的手稿，呈现出了近半个世纪以来欧美时尚发展概貌。作品中的服装形象虽只有寥寥数笔，却已将服装的造型、色彩、款式结构、面料质感，甚至特色风格等展现得一览无余，使学习者或欣赏者往往有一种直抒胸臆的快感和表现语言的新鲜感。

选编的部分作品主要特点为：(一)高超、娴熟技法的精彩刻画，显示出作者扎实的绘画功底，具有很强的艺术感染力；(二)充分发挥时装画这门"纸上艺术"独立画种的艺术表现力和视觉的冲击力；(三)表现风格迥异，服装设计师、时装画家们对于时装设计灵感的捕捉，线条的娴熟运用与把握，具有超凡脱俗的驾驭能力。他们绘制的独具个性的创意手稿设计作品也堪称时装画中的一流作品，充分展示了灵感、创意、设计思维的激情碰撞。以全新视角，传授时装设计新方法与专业技巧，更具艺术魅力。

其作品包括：法国、美国、英国、意大利、日本等国的当代时装画家、时装设计师的佳作。从理念到作品，力求从多视角为读者呈现形式多样、颇具个性风格的时装设计的创意手稿、时装画艺术，在作品线条的用笔处理、色彩酣畅的运用、创意形式及体现个人画风等方面的精彩表现，旨在为广大读者提供和梳理表现设计的时装画艺术的新视窗，起到博采众长的学习、借鉴的作用。亦使作画者在不断地研习、修正、实践和发掘中，真正发现自己的潜能，提升在服装设计表现的训练技艺上的自由和自信。

史蒂文·斯蒂波曼 Steven Stipelman

　　当今美国最具代表性的时装插画家。作品人物形象生动，姿态优美，速写性线条勾勒准确、简明、大胆、酣畅，画风泼辣。其线的处理好似中国的书法韵味，收放自如，颇具弹性，极富表现力。作品向人们展示了他的独特风格和鲜明的艺术个性特征，令人叹为观止。

克里斯蒂安·拉夸　Christian Lacroix

　　法国著名时装设计师，以奢靡华美的设计风格而著称。克里斯蒂安·拉夸出生在法国的阿尔勒，最初移居到巴黎时的理想是成为一名博物馆的馆长，但是命运却让他成为让·巴杜（Jean Patou）时装屋的设计师，1987年他最终建立了属于自己的品牌。克里斯蒂安·拉夸说："我从未正式地学习过绘画"，"但是从我记事起，我就总是随身带着一块小垫板和一支铅笔。绘画对我来说好像就是一种习惯，一种需要和一种放松的方式……"他声称自己无时无刻不在进行时装画稿的创作："以下是我用来记录事件、描绘心目中的世界的方法，并且在落笔之前都会给这些画稿冠以不同的情绪特征。"以下是几幅成熟女性的高级时装设计图，人物造型生动夸张、姿态优美，用笔洗练娴熟，于不经意间流露出浪漫随性之感，颇具个性色彩的个人画风，确能反映出设计师扎实的绘画功力。

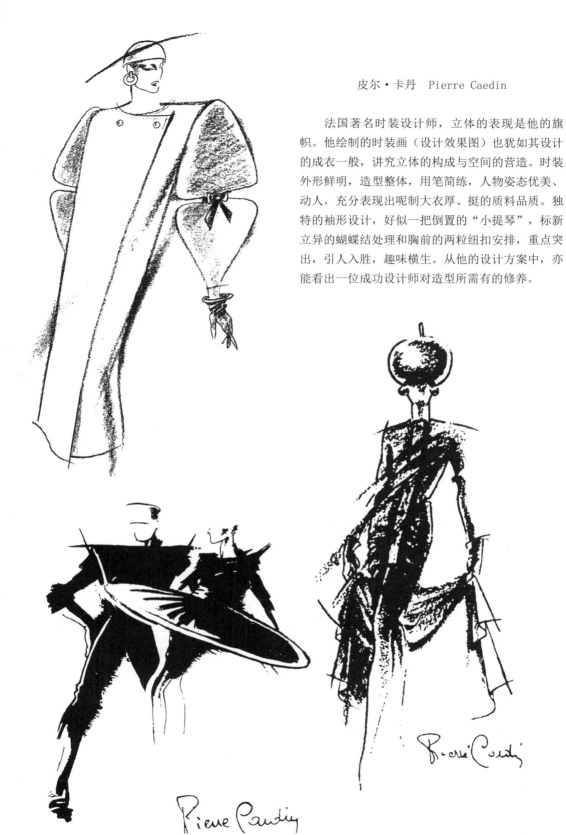

皮尔·卡丹　Pierre Caedin

　　法国著名时装设计师，立体的表现是他的旗帜。他绘制的时装画（设计效果图）也犹如其设计的成衣一般，讲究立体的构成与空间的营造。时装外形鲜明，造型整体，用笔简练，人物姿态优美、动人，充分表现出呢制大衣厚、挺的质料品质。独特的袖形设计，好似一把倒置的"小提琴"，标新立异的蝴蝶结处理和胸前的两粒纽扣安排，重点突出，引人入胜，趣味横生。从他的设计方案中，亦能看出一位成功设计师对造型所需有的修养。

卡尔·拉格菲尔德　Karl Lagerfeld

　　法国高级时装设计师，德裔法国人，在设计中处处流露的现代艺术痕迹，可以看出20世纪20年代波普艺术和装饰主义艺术对作者灵感与设计思路的影响。作品中人物姿态生动，造型设计创意具有极强的年代感与流行性，流露着现代艺术与波普艺术对设计师的影响。线条洗练，用笔娴熟，带有速写意味的处理形式，将不同材质的时装面料质地，表现得十分精彩到位。

伊夫·圣·罗兰 Yves Saint Laurent

　　伊夫·圣·罗兰1936年出生于阿尔及利亚的奥尔兰，从小就对服装及搭配有着自己独特的见解。17岁时赴巴黎学习服装设计，19岁的他就被迪奥公司聘为设计师，开始为克里斯蒂安·迪奥工作。迪奥逝世后他被该公司选任为接班人。1958年以他的第一个时装集而轰动遐迩。从1959年开始从事舞台戏剧服装的设计，后又参加电影服装的设计。1962年他在巴黎开设了自己的时装公司。　此后他的设计传遍全球，其品牌已成为代表流行、经典设计的象征，被誉为"时装帝王"。

儒内·格里乌 Rene Gruau 法国著名时装画家

　　世界著名的时装插画家。其作品充满了一种浪漫、高贵的气质。此幅作品是为迪奥时装设计"新女性"所作的时装插画，选用炭笔技法作画，完美描绘出西方女性闲逸生活的最好写照，独特的构图布局，半侧的身姿优雅生动，将时装"新外观"收腰的造型表现得淋漓尽致。省略的人物造型，洗练的用笔，线条简洁流畅，娴熟的笔触处理把"新外观"华美的时装廓型特色表现得十分到位，整体给人以时尚、高贵的视觉效果，达到宣传服饰品牌的目的。

帕克·拉邦纳 Paco Rabanne

　　法国著名时装设计师帕克·拉邦纳以运用各种材料进行时装设计创意最为著称，被誉为"时装怪杰"。这是一幅多款创意设计的时装草图方案，作品以铅笔素描方式快速勾勒出几款不同时装构思的造型或结构变化，不加任何色彩元素，以保持创作意念的完整性。在雏形轮廓中重点对细节进行刻画，犹如镜头的特写功用，清晰地呈现出雕塑般的感觉或空间层次效果。

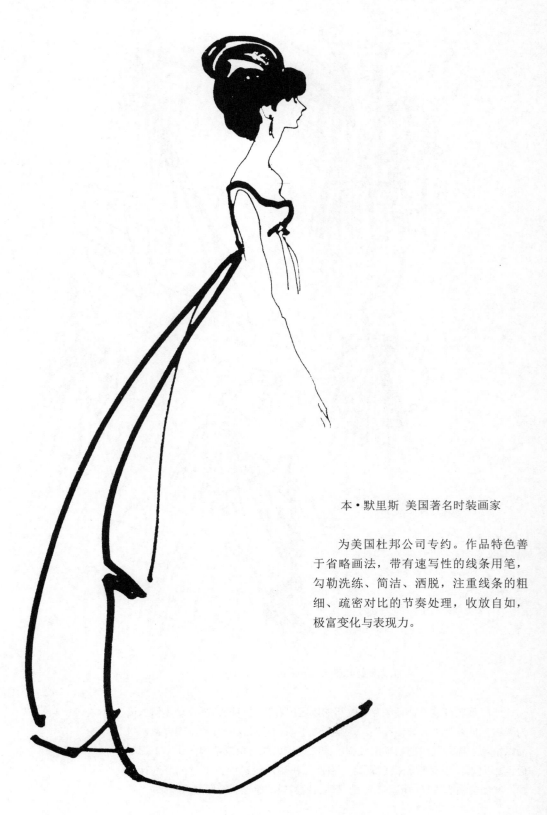

本·默里斯 美国著名时装画家

　　为美国杜邦公司专约。作品特色善于省略画法，带有速写性的线条用笔，勾勒洗练、简洁、洒脱，注重线条的粗细、疏密对比的节奏处理，收放自如，极富变化与表现力。

芬妮·丹特 Fanny Darnat

芬尼·丹特生于1931年，是当今法国最具实力的女服装画家。她具有良好的素描基础，是1954年国际羊毛局主办的服装设计图比赛的获奖人。她能以简单的线条表现出女性最优美的姿态。

　　法国时装画家埃里克，为著名《时尚》杂志作时装插画35年之久。他那出色的绘画技巧并未被限制于华丽的服装画及优雅的人物上。作品中人物造型优美，线条利落肯定，色彩的处理自然和谐，用笔突出动感。特别是裙装用色的渲染及留白，恰到好处，颇具水墨写意味道。他的画平易亲切，充满生活气息。

训练实践指导与练习（国外设计作品欣赏）

建议课时数：18课时

重点：

1．欣赏独特创意、精练、娴熟的表现技法，定格呈现出服装设计上的精彩瞬间，一幅幅绝妙的、颇具艺术魅力与艺术感染力的时装画作品，有助于提升学习者的审美情趣和表现技艺。

2．分析作品主要特点：（1）高超、娴熟技法的精彩刻画，显示出作者扎实的绘画功底，艺术感染力强；（2）充分发挥时装画这门"纸上艺术"作为独立画种的艺术表现力和视觉的冲击力；（3）表现风格迥异，学习大师们对于时装设计灵感的捕捉、线条的娴熟运用与把握的驾驭能力。

3．力求从多视角挖掘颇具个性风格的时装画艺术，分析作品线条的用笔处理、服装创意设计的形式及体现个人画风等方面的精彩表现。增强认知度，亦是学习训练的重要内容。

练习：临摹大师们时装画作品的绘画表现若干幅。

能力目标：

1．对于时装画表现的实训练习具有良好的认知能力。

2．掌握人体比例、动态、服装造型、配饰、面料及技法的准确表达。

3．能够运用时装画技法表现出不同风格、主题的服装设计作品及特色。

4．提升时装设计效果图的表现力和审美品位。

5．具有较强的时装画应用能力。

第十部分

训练项目

编发——步骤图

短发——步骤图

盘发——步骤图

长发——步骤图

●装饰风格设计表现

　　装饰表现要力求构图饱满、强化夸张性和装饰美感，使作品在造型与款式、纹样与布局、背景与整体画面、线条的疏密处理等方面，突出表现作品的新颖性、趣味性和现代感的艺术氛围。可从两个方面考虑：一是注意时装形象的概括，讲求典型美；二要注重构图的形态，讲求形式美。因此，作者在装饰表现手法的训练实践中，恰到好处地描绘出作品的装饰风格，使服装设计主题与装饰表现达到个性鲜明、事半功倍的艺术效果为宜。

◆德国时装画家作品

◆法国 纪梵希作品

　　这三幅时装画以洗练明确的线条快速勾勒出时装形象，高大而整洁、清爽的轮廓，寥寥数笔的用色刻画，表现出模特儿极富现代感的大方造型和优美身姿。简约洒脱的速写性线条，笔触肯定自然，充分展示了都市职业女性优雅、干练的形象风范。其形色神态皆表现得淋漓尽致，足见设计师深厚的功力，作品一如设计师本人高贵典雅的气息。选用麦克笔、水粉技法作画。

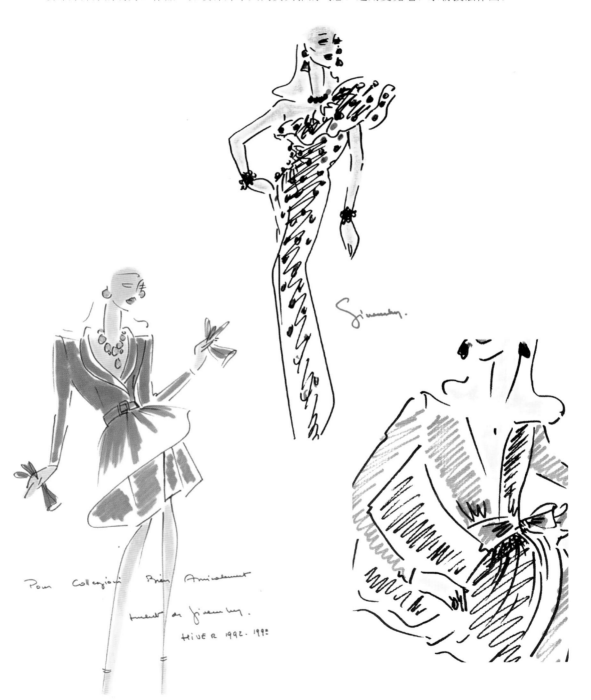

◆法国 克里斯蒂安 • 拉夸作品

作品中人物造型夸张、省略，服饰色彩瑰丽大胆，其运笔娴熟肯定，在不经意间流露出浪漫随意的格调和独特画风，极具个性色彩与表现力。水彩技法的灵活运用，将人物刻画得栩栩如生。透过作者率性不羁的笔触，却能反映出设计师扎实的绘画功力，为我们展示出众多精彩的新女性的形绘丽影。

◆法国 皮尔·卡丹作品

这两幅时装画作品，表现出卡丹在设计上的一贯风格。对印有条格图案的高级晚装刻画得深入而精致，而以方、角、圆的构成设计元素传达出这两款皮草时装洒脱的造型外观。人物姿态生动、优美，富于动感。红与黑色彩（黑白条格）的搭配十分协调。对于面料质地的表现，只是在高耸的肩袖胯抽褶处留出少量空白（高光），其丝绸光泽质感视觉效果便呈现眼帘，时装款式大方简洁，充分描绘出晚装形象的高贵典雅气质与皮草时装形象。采用省略技法描绘，笔触肯定、利落、娴熟，选用水粉、薄厚技法表现。

服
装
设
计
训
练
项
目
实
例
精
解

图一

图二

　　（如图一、图二所示）系列服装设计主要表现系列服装的造型形态及其服与饰配套的形象整体效果与多变性。例：1.同一季节的系列，如春、夏、秋、冬等系列；2.不同面料的系列，采用不同面料设计同一类型的服装形成的系列；3.同一色彩的系列，采用同一色彩或同一色系由高级设计形成的系列；4.同一风格的系列，不论服装、面料类型、色彩是否一致，但风格上应保持一致的设计等等。设计者选择的形式，重点要清楚在设计过程中，至少应保某一方面的统一性、统一感问题（造型款式、面料材质、色彩图案、装饰元素等）。学习者在模块训练项目中，可根据素材元素的特征进行延伸设计，延伸设计的构思，要注意服装构成的系列感和完整性，服装造型与款式、色彩与结构等的变化布局。或尝试练习设计几组不同主题风格的服装设计系列。作品包括：时装系列、创意装系列、休闲装系列、几何造型系列、牛仔装系列等主题风格的设计实例作品，可供大家在训练设计时为启发和参考之用。

　　系列设计方案一般不少于3种款式，其形式常常采用水彩、水粉、勾线淡彩等技法表现。

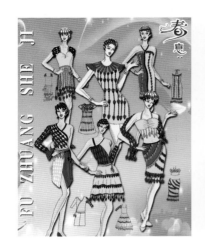

图三

　　（如图三所示）创意风格的服装设计，其"灵感"来源的信息十分广泛（传统艺术、民族艺术、绘画、科技、自然景观等启示）。一是直接信息，一切直接与服装发生联系的事物、信息、资料等。二是间接信息，像建筑、社会思潮、各种艺术作品等，均为时装信息的间接来源。大众在课题训练之前，首要是确定设计主题，主题是服装设计的灵魂。其次是对于主题方式的确定，包括：1.先有题材再确定主题的方式；2.先有主题再进行选材和构思的方式，即为命题设计，这种方式也常用于设计赛事、竞标、课堂专题训练设计中。学习者在模块训练项目中，可根据主题的设计灵感，尝试练习两组不同的创意风格设计系列。作品包括：以竹笋、几何为启迪设计的时装，以白菜、树叶为灵感设计的礼服、裙装，牛仔休闲装等主题创意风格的系列设计实例作品，可供大家在训练设计时为启发和参考之用。

其设计方案常采用水彩、水粉、绘图软件技法等形式表现。

后 记

　　本书的训练项目实例作品，是本人多年来从事服装专业教学、设计创作、实践及理论研究中积累、整理的大量服装设计案例素材。在此基础上，利用业余时间逐一筛选、归类提炼、创作绘制的。旨在为广大读者搭建起迈向"服装设计之路"的一个平台，如何告诉读者更好地将创意设计构思以设计效果图的形式体现出来，应掌握哪些表现技巧、要领和训练方法，使读者能进一步提高审美情趣和表达技艺。

　　本书在编绘过程中，始终得到各方面老师的帮助和出版社编辑的关心、指导，对他们付出的辛勤劳动，表示由衷地感谢。

　　此外，本书为了更好地说明问题，在介绍每部分训练实例设计表现的小节前均加写了相关短文，以方便和提示读者"注意"，在研习或训练实践中少走弯路，能尽快地进入"角色"，让项目实例中的时装形象开启你全新的创意设计之门。

　　对书中所有选用和绘制素材的图例作者，深表谢意。

　　附图作者：

刘宇光　郁从霞　柴 利　黄金虎　张红梅　于 岚　刘娜静　崔 莎

张倩倩　周文扬　刘 岩　杨子榕　赵永鹏　李 迎　胡金祺　华国强

刘 楠　李淑菁　吴雨倩　张 颖　董 斌　吕 喆　胡 枫　李亚楠

葛文娇　徐米乐　赵 蕙　张 开

注：由于几幅学生作品难以核实姓名，故无法标明，在此特向作者表示深深歉意。

编者

二〇一五年二月